THE FAMOUS DESIGN

亚太名家别墅室内设计典藏系列之五　一册在手，跟定百位顶尖设计师
不 可 不 看 的 别 墅 风 格 大 全

异域风情

北京大国匠造文化有限公司·编

U0353332

中国林业出版社
China Forestry Publishing House

图书在版编目（ＣＩＰ）数据

亚太名家别墅室内设计典藏系列. 异域风情 / 北京大国匠造文化有限公司编. -- 北京 : 中国林业出版社,2018.12

ISBN 978-7-5038-9856-3

Ⅰ. ①亚… Ⅱ. ①北… Ⅲ. ①别墅－室内装饰设计 Ⅳ. ①TU241.1

中国版本图书馆CIP数据核字(2018)第265943号

责任编辑：纪　亮　樊　菲
文字编辑：尚涵予
特约文字编辑：董思婷

出版：中国林业出版社（100009 北京西城区德内大街刘海胡同7号）
网站：http://lycb.forestry.gov.cn
E-mail：cfphz@public.bta.net.cn
印刷：北京利丰雅高长城印刷有限公司
发行：中国林业出版社
电话：（010）8314 3518
版次：2018年12月第1版
印次：2018年12月第1次
开本：1/12
印张：13.5
字数：100 千字
定价：80.00 元

| 亚 太 名 家 别 墅 室 内 设 计 典 藏 系 列 之 五 | 目 录 |

| 中式风韵 | 都市简约 | 原木生活 | 欧美格调 | 异域风情 | 自由混搭 |

住在云端
Live in the Cloud

主案设计：钱超
项目面积：870平方米

■ 统一的木地板铺陈出随性的深浅条纹，具有流动感，搭配大理石墙面，视觉宽敞。

■ 一片露台，一面落地窗，饱览最美天际线，视野开阔，自然色调主导一切。

　　也许每个男人都有一颗想要攀越巅峰的心，就像每个女人都有一个住在云端的梦；而在一座城市，住在顶层，往往给人一种征服感和一种超脱人海的安全感。这间位于鄞州中心区的顶层复式大宅，恰好成了业主一家享受这种感觉的心灵居所。

　　"生活的空间应该是灵活多变的，正如生活本身一样。"一直以来，设计师总是把这句话作为自己的设计信条。通过格局和结构的调整，设计师足足为新家扩充了100平方米的面积，但家中房间数量却有所精简，保证了每个房间都能享受到充足的阳光。

　　通过对阳台的处理，厨房的面积得到了扩充。别致的储物设计，让厨房中几乎所有物件在不用时都可以被轻易地隐藏起来。另外，厨房电动感应门的设计让出入变得更加自由。改造后的公寓共有四间卧室、四个卫生间、一个健身房、一个影音室、一个茶室和一个储物间。精心挑选的复古家具、系统的配色，成为一个又一个恰到好处的装饰亮点。设计师并不热衷浮夸的装饰，但却用高质量的材料和精简的运用呈现了人们所向往的那种浪漫基调。

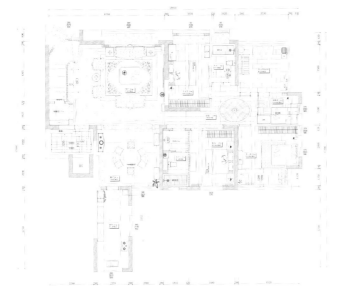

平面图

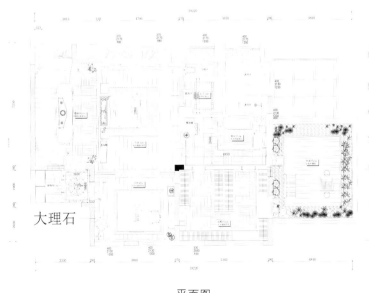

大理石

平面图

戴斯大卫营

Des Camp David

主案设计：梁瑞雪
项目面积：500平方米

- 窗型设计兼顾了室内风格与外立面的协调统一。
- 用钢结构制作大旋转楼梯。
- 打掉客厅大花板，使之成为挑高空间，提升空间感。

　　业主要求的功能是休闲、度假，在具有普通住宅应该有的功能以外，还要有接待、会议、洽谈、娱乐等具有企业会所性质的功能。

　　为达到业主的要求，设计师对原始结构进行了大幅度的改造。一层的功能为接待，设计师全部安排为开敞空间，包括餐厅、厨房也都具有接待功能。虽然为全开敞的空间，但也要组织得开而不乱，设计师根据业主的生活习惯和工作习惯，组织的动线是按使用频率和开放程度层层递进的，以此为依据安排各个功能区。

　　二层为半开放空间，设置了会议室和娱乐室。三层、四层为卧室。因为是度假别墅，在风格定位上设计师首先倾向于轻松、随意、清新自然，同时在其中加入坚毅、阳刚的企业精神。因此设计师打造了一个混搭的空间。硬装比较简单，是开放和包容的，让轻松休闲、坚毅阳刚能在其中和谐共存。软装设计师选择的都是带有轻loft风格的产品，如钢铁、做旧木材、仿石材、铆钉皮革等粗犷的材质。

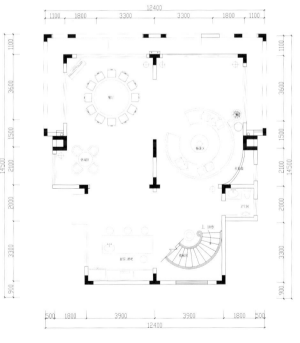

一层平面图

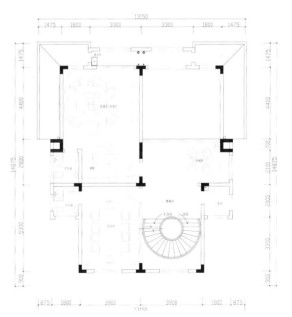

二层平面图

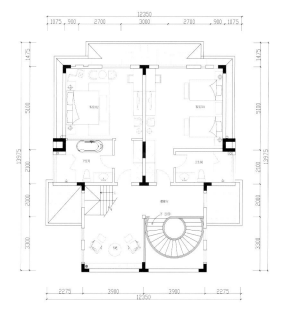

三层平面图

花园别墅

Gardern Villa

主案设计：张艳芬
项目面积：230平方米

- 混搭，自由主义。
- 沙发背景装饰画色彩亮丽，别具一格。

　　光鲜的都市生活是令人羡慕的，但压力与繁忙也是这种生活的一个部分，懂得享受才令人鼓舞，生活上的富足、工作上的成就都要平衡。东南亚风格的流行，正是源于人们对都市生活的精神叛逃，渴望回归到自然中去，那些木纹，那些花草，传达出对自然的亲近与崇拜。

　　室内造型以直线为主，线条简洁，注重实用功能，格局进行了比较大的调整。优质的天然材质，委婉的东方神韵，为空间带来不一样的享受。家居中融入了精神世界，让家人身心健康，生活得舒适自然，气定神闲，家庭气场和谐，生活有意思也有意义。

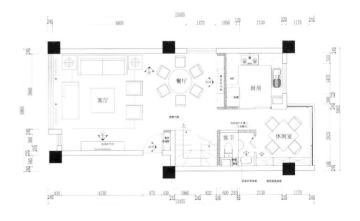

一层平面图

二层平面图

三层平面图

追忆伊斯坦布尔
Recalling Istanbul

主案设计：于月
项目面积：189平方米

■ 一个东西文化交融的、有淡淡感伤的怀旧的空间意境。
■ 选用洞石和原木和花砖来加强空间的交融怀旧感。
■ 客厅中间加一根立柱，把客厅与餐厅分成两个似隔未隔的空间。

　　设计思路来源于对伊斯坦布尔的回忆。拥有2700年历史的，横跨欧亚两大洲、东罗马和奥斯曼两大帝国的帝都，有太多的故事，太多的回忆，欧亚两种文化在这里并存交融，走在鹅卵石的街道上，博斯普鲁斯海峡游船上凭栏远眺欧亚两大洲，沉醉在蓝色清真寺索菲亚大教堂每天几次此起彼伏的格利高力咏叹调中。

　　伊斯坦布尔是多元的、怀旧的、带一点点忧郁的、神秘的。

游戏
Game

主案设计：方信原
项目面积：180平方米

- 低调质朴的素材和细腻工艺的碰撞。
- 淡淡地展现出低度设计中奢华的表现。
- 空间氛围如同高低音符的编曲，呈现出一首轻快但富音律变化的曲目。

　　开放空间中，两处大小直径不同的大圆斗，由楼板穿透而下，成为空间里的大型装置艺术。传达出东方文化精致层面的美感，亦加深空间张力的冲突性及视觉的震撼感。无论由上而下，或由下而上，都形成了强烈的视觉感官刺激。同时结合灯光设计，提供照明的使用机能。一大一小圆斗造型和壁面圆形内凹结构的时间指针，所形成倒三角画面的构图，使得元素的运用立体而有趣味。空间结构中出现的盒体及圆斗，分别传达出不同意喻：方形盒体，笔直利落的线条，传递着代表西方科学的理性思维；大圆斗的运用，东方人文精神中圆满之意喻，自不在话下。东西元素的交融汇集，于此展开和谐的对话。

　　家具家饰的搭配，多样貌的使用方式，给予现代居所新的定义。光是照明，亦是指引及标示。透过光的指引，引领视线进入简易且充满东方文化的富丽不失优雅的空间。东方色彩及肌理表现的壁纸，结合以铜质打造的壁灯，搭配轻快色彩的块状量体，使得空间呈现轻快、雅致、舒适的氛围。

卡萨布兰卡

Casablanca

主案设计：董波
项目面积：120平方米

■ 客厅大面积运用了鲜艳的色彩，让人能够感觉到热情奔放。

■ 背景是一件衣服订成的画，创意非常新颖。

■ 将手工地毯和一些东南亚国家做手工食品的工具作为装饰。

　　"还是那个不变的吻，不会褪去的叹息，任时光流逝，真实永不变……"这句来自《卡萨布兰卡》的经典歌词，正是表达了孕育了这个爱情传奇的北非国家——摩洛哥的迷人之处。

　　设计提取了摩洛哥的建筑特点和经典色彩，大胆地运用在门洞的造型和墙面处理，本案的女主人热爱建筑，喜欢旅游和收集，有着独特审美。所以在软装搭配上，设计师结合女主人的个人爱好，在挂画、抱枕、边几、植物等软装选择上，营造艺术氛围浓厚的异域风情，色彩丰富而极具文化底蕴。

　　本案的颜色非常有冲击力，拱形门、异域风格原木家具、别样的软装和灯饰，都给人以异域的体验。红色墙面可能会给人浮躁及不舒服的感觉，但实际上赭红色因为家具的存在，则并无很大困难。餐厅在客厅原有色彩上过渡，达到了一种色彩和谐的氛围，让人置身其中感受到无处不在的异域风情。

拉普兰·秋色

Autumn Scenery

主案设计：杨坤 / 设计公司：支点设计
项目面积：197平方米

■ 高浓度色彩，颜色丰富，搭配自然，层次感强。
■ 不同材质和风格的家具，和谐而富有变化。

　　拉普兰,位于芬兰、挪威的北部,这里常年白雪覆盖,是北欧最容易见到北极光的区域之一,这里也是冰雪女王和圣诞老人的家。但在每年九月会有短短2周左右的时间,这片广袤的土地上,会由多种多样的阔叶树和针叶林,还有地上的野莓和苔藓,构成了鲜明的色彩,红色、赤褐、蓝色、绿色、金色……异彩缤纷,构成美不胜收的迷人秋色。

　　设计师尝试着将这种秋色带入室内,选用富有肌理感的白色壁布墙面,顶面辅以少许深棕色的木饰面,搭配带有沧桑历史痕迹的灰色水泥砖地面。这带有宁静意味的白,还有深棕色的木质传来源自大地色系的温暖,加上高级灰沉淀的优雅气质,使整个空间处于一派宁静而安然的画面。将秋季那斑斓的色彩交织在窗帘、沙发、抱枕这些需要大量布艺的地方,将这些高浓度的色彩精心雕琢组合起来,分别散落在每一个空间,形成视觉上的层次感,让整个空间的色彩精妙别致,简单而纯粹,恍若置身在拉普兰的苍穹下。你能感受到在这个季节,各种色彩魅力交织,源源不断地汇聚着艺术的气息,一幅美轮美奂的画卷由此展开。

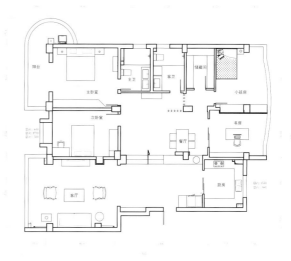

平面图

复地上城
Forte City

主案设计：兰波
项目面积：260平方米

- 黑白作为基调色，金色作为点缀色。
- 智能电动窗帘提高居家的科技感和未来感。
- 现代简约的电视背景下面是一个简单的壁炉，烘托出居家的艺术气氛。

　　室内以质朴的现代简约木条，木质饰面板与硬性的石材玻璃材质结合，大面积的落地玻璃窗，引入户外的自然景观，模糊室内外的界限，向户外延伸。

　　干净的白色，魅惑的黑色，石纹原色的地板，开阔明亮之际交织着时尚大方的气息，仿佛进入到此空间的人们，都会变得豁然开朗。

　　二层保留了客户的以前家具，白色的墙布，从一层延伸至二层的木质地板，3D立体墙画及水泥质感的天花，营造了自然、返璞、唯美的生活场景，二层的阳台是非常重要的内外互动空间，采用折叠滑门的设计，打通了内外之间的联系，把室外的自然景观引入室内，大大提升了建筑与自然的艺术性。

平面图

浓情墨意

Thick Style

主案设计：王坤
项目面积：290平方米

■ 布局良好，舒适，实用。
■ 山水墨意，居家舒适方便。
■ 最大化低碳。

平面图

千灯湖一号

Qiandeng Lake No.1

主案设计：谢法新
项目面积：280平方米

- 追求生活品质，家具用品追求美感和实用性的兼备。
- 整体采用蓝、白、灰的色调搭配。
- 打造出温暖而舒适的光氛围。

　　客厅平面格局十分明朗开阔，运用鲜明色彩的饰品和台灯点缀空间，蓝色和橙色是补色关系，橙色与补色相搭配时会给人一种简洁、幽静、平缓的感觉。背墙透过装饰画传达欧式韵味，以连续性的材料铺陈及适度留白，塑造简洁的空间感受。

　　从客厅朝餐厅放望，装饰线条不显冗赘繁缛，重视物料质感，选材上以物料的亮泽感表达精致性，并配合柔和的间接光源规划，宠爱肤触与视觉的细微感受。陈设部分则用灯饰、蜡烛、植栽以及艺术品来丰润环境气色。餐厅的红色挂画大大提高空间的注目性，使室内空间产生温暖的感觉。

　　卧室格调以棕色为主，而床头红黄交织的装饰画能带来热烈、兴奋、激情的感情，大胆使用明丽色彩的抽象画与沉稳的室内风格形成反差。床头背景保留适度的开阔感，满足远观和细赏的动线需求。在照明规划方面，使用吊灯，辅以局部嵌灯，打造温暖舒适的光氛围。

梦织花园
Charming Oriental

主案设计：李雪
项目面积：240平方米

■ 将古典与现代共冶一炉，碰撞出意想不到的惊艳之美。
■ 蓝灰色为主色调，橙色和中式青花的蓝色，混合黑白几何元素。

　　文化的边界在消融，无谓南北，无谓东西。设计师希望把阳光下行走的轻快、初夏雨露为鼻翼带来的甘甜、童年五彩片段拼接出的回忆等这些美好的东西留存，通过家传达出一种喜悦，当这种喜悦在随处可见的青花瓷、工笔手绘、绢画等具有东方元素的东西上喷薄而出的时候，仿佛为我们展现了一幅旖旎的东方壮丽画作。

　　设计师说自然的融合赋予家神秘的新生命，"童年里陪我一起长大的小猫咪，儿时父亲原创的木马，阳台鸟笼里的画眉鸟儿，还有和我属相一样的猴子，它们是我生活的点滴，也是这个家的主人"。

　　美式斜屋顶和木作天花营造出温馨的室内氛围，推开门是精心打理过的四季花草。楼下为生活起居空间，美式斜屋顶带来舒适的挑空，阳光与清风通过双开门进入室内，布艺沙发让人不禁张开慵懒的怀抱投入其中，配合木家具带来轻松惬意的田园风。

　　楼上设置活动交流、阅读、禅茶、画画区域，设计师把木马、摇椅、大板桌、画架聚集到这里，甚至做了一面到顶的屋顶书架和滑动楼梯，阳光花房的空间氛围生态、文艺、舒适且有趣。

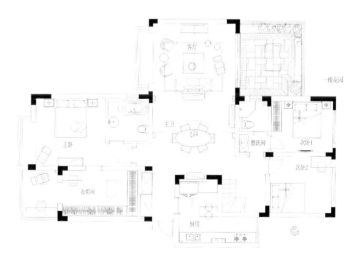

平面图

格林童话
Grimms Fairytales

主案设计：蔡佳莹
项目面积：130平方米

■ 采用大量童话风格墙纸。
■ 家具颜色跳跃性较强。
■ 体现了地中海风格的特性，浓浓的趣味性。

　　业主是有着一个两岁孩子的年轻父母，因为有孩子，所以一直有一颗童心。本案例的名字叫做"格林童话"，设计师将这套作品献给家有可爱宝贝、怀有一颗童心的年轻父母。

　　在整个房子里随处都是一个童话小故事，每个空间都有属于自己的内容和故事。相对于外表的装饰，内部的储藏空间也是不容忽视的，外表是床的榻榻米其实内部就是一个躺下的柜子。单独的储藏间更是满足了一家人的储物需求。

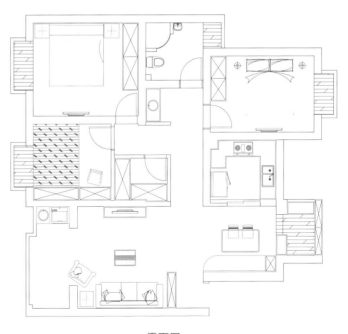

平面图

北京遇上西雅图

Beijing Meets Seattle

主案设计：刘金峰 / 设计公司：金风室内设计事务所
项目面积：220平方米

■ 主卧，精致而不浮夸，都是生活痕迹。
■ 中西风格碰撞。
■ 色彩搭配自然。

　　设计师一直喜欢用电影的方式去做设计，每个人都是有故事的，设计师喜欢听客户讲她的故事，在沟通中寻找到客户独特的气质，将这种气质融入到空间的设计中去。

　　本案例的设计，一样源于一些故事。业主喜欢欧美的舒适，同时也割舍不下中式文化的儒雅，那何不来一场文化的相遇呢？如同北京遇上西雅图一样，让两种风格在这个空间里相得益彰，在西方文化的设计中，烙上中国的印。

　　生活从来都是如此宁静，起波澜的是我们的内心。那些和生活有关的细节，都是那么地自然，一切从来就在那里。罗马柱让整个空间挺拔而大气，更显家私的精致。那些在壁炉前的情话，那些只属于你我的温暖，有些东西在有了之后，你的生活也随之改变。我们没办法创造生活，我们只是生活的美化师。我们热爱美好的事物，热爱那些美丽的时光。

魅·颜
Charming

主案设计：苏丹
项目面积：100平方米

- 鲜明跳跃的色彩、仿若无章的摆设。
- 各种装饰的混搭，展现具狭特的魅力和另类的个性。
- 随处可见铁艺置物架，富有情趣。

本案以魅为名，构建出一种别样的空间气质，混而不杂，迷而不乱。每个角落里仿佛都滋生着让人心驰神、往欲一探究竟的魅者气息，妖娆而诱惑。

业主是一对从事平面设计的小夫妻，生活没有拘束，在他们看来，生活就该这样，没有规则，没有风格，随心所欲。他们的家，自然也要如此。

设计师从业主角度出发，业主觉得层高不够，那么就去掉一切多余的吊顶，只留原始的钢架结构，再刷上颜色，业主比较好客，那么一楼就全部打开，做成开放式空间，准备好沙发、卡座、吧椅，满足朋友之间小聚的需求；原本一楼的卫生间改成了厨房和洗衣房，空间规划上楼下作为会客阅读区域，楼上作为休息室和储藏空间，做到动静分离。此外，业主夫妻还有很多有趣的东西，随处可见的铁艺置物架则让它们都有了"安家之所"。

在设计师看来，生活没有规则，家装更不用局限于固定的风格，设计源于生活并且服务于生活。一切，都以生活为主。

温暖北欧
Warm Nordic

主案设计：周森 / 设计公司：一野室内设计事务所
项目面积：140平方米

■ 风格简单，墙面用色大胆，给人视觉冲击。
■ 运用原市家具，软装饰品别致。
■ 暖色调灯光，搭配蓝色沙发背景，暖中有冷，分外和谐。

　　本案例在有限的预算的基础上，充分提炼出北欧工业风的精华，大面积深似海洋的蓝色与米色形成鲜明视觉对比，经过抛光打磨上色后的地板重新焕发生机，使空间几大基础材质相得益彰，恰到好处的软装与配饰起到画龙点睛作用，使整个空间营造出不落俗套，简约有型的国际风范。

　　客厅的整体布局都安排的合理到位，显得敞亮，空间充足利用。小灰格交错的地板使整个地面看上去很有层次感，并不会觉得单调乏味。一个简单实用的吧台把客厅与餐厅合理地分割开来。卧室整体给人一种静怡的感觉，不同于客餐厅鲜明的色调，选用更容易给人安全感的灰白色调，让住在里面的主人更容易拥有精致的睡眠。

平面图

时尚阿拉伯

Fashion Arabia

主案设计：陈文学
项目面积：107平方米

■ 楼梯采用实木和铁艺的结合，精致古朴。
■ 白色墙面搭配丰富色彩，更突出颜色鲜艳，白墙纯白。
■ 蒙面的阿拉伯少女，有些神秘的阿拉伯异域风情。

设计师将本案风格定位为"妖气冲天"，很符合其气场。

客厅挂了三幅油画，严格地说是两幅油画加一面随着视角改变画面内容也会随着改变的镜面，设计师给其定义叫做实时实景画。这个镜面也很实用，业主可以悠闲的坐在沙发上一边看电视，一边扭头剃胡须，相当休闲。

客厅小小的画面，几乎包括了世界上的一切颜色，紫红、朱红、土黄、明黄、天蓝、钴蓝、草绿、深绿、白色、黑色、青色、灰色、赭石、咖啡色等。这么多的颜色，恰好是平衡的、和谐的、灵动的。镜子里面可以看到对面的幸福树。几乎所有的墙面都是大白墙，干净至极。

楼梯的位置改到入口处的角落，可以最大程度的利用空间，楼梯下面做成个小杂物间，南侧则做了鞋柜，功能齐全。

主卧设在二层阁楼上，斜顶，最低处不过两米多，最高处却有三米多，设计师不想浪费此卧室仅有的这点高度优势，没有用吊顶，只用了几根木梁结构缓解了比较大的层高落差。

平面图

上海滩花园

Gardern by the Bund

主案设计：黄文彬
项目面积：140平方米

■ 一个现代化的厨房配有橱柜、口型操作台。
■ 运用质朴的巾料以及民族风情的拼布打造西部风情。

　　所谓乡村风格，绝大多数指的都是美式西部乡村，也有法式乡村和英式乡村等。设计师的设计以后现代为主要表现手段，触及客户需求拟定主题为现代mix西部风情的乡村风格。西部风情运用有节木头以及民族风情拼布，主要使用可直接取用的常用木材，不用雕饰，仍保有木材原始的纹理和质感，利用现代工艺进行表面碳化，还刻意添上仿古的瘢痕和虫蛀的痕迹，手工上漆，创造出一种古朴的质感，将贵族的家具平民化，展现原始粗犷的美式风格。

　　设计仍然非常讲究功能性和实用性，为主张生活的闲适，布局上运用了"度"。"度"是关节点范围内的幅度，在这个范围内，事物的质保持不变，突破关节点，事物的质就要发生变化。"度"在空间中，结合多功能书架直至阳台，隐藏了墙垛也延展了空间。

平面图

生活在别处

Living in Another Place

主案设计：吴金凤 / 设计公司：彩韵室内设计
项目面积：154平方米

- 多材质立面与光影，折射出廊道的层次变化与深邃感。
- 大面落地窗引入公园绿景，模糊内外交界。
- 米白、灰褐的基底配色，搭配木作与石材，呈现秋风山林意境。

　　秋风飒爽，米白、灰褐的色调铺陈中，在木与石上凿刻季节的细致落款，从玄关阵列入内的立体粗犷木皮，搭配细白温柔的大理石材，对比出空间纹理的质感张力，更透过窗外公园绿林的美景引述，交融出一室山林秋浓的意境。对比材质肌理构筑的自然基底，设计师搭配休闲风格家具与设计感灯具，从软装家具线条平衡整体氛围。

　　为了让空间更敞阔放大，设计师压低客厅电视墙的高度，加以清玻接口形塑延伸穿透视野，让后方造型书柜的线条得以展示，作为美感与机能兼备的端景设计。而采用茶玻半穿透规划的玄关展示收纳柜，则可以应未来居家空间的需求，变化门片材质即可。金属饰条与壁布围塑现代感床头设计，设计师另整合衣柜与展示柜机能，透过茶玻拉门灵活变化空间表情。洞石床头主墙兼具温润意象与清洁便利性，而悬垂而下的造型吊灯，以现代感线条保持墙面视野的完整度。整合衣柜与梳妆台的机能，一体成型的线条规划，让空间利落有型。

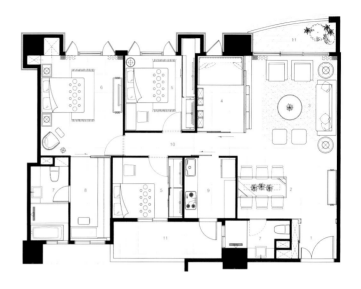

平面图

无界
Unbounded

主案设计：郑树芬 / 设计公司：SCD（香港）郑树芬设计事务所
项目面积：500平方米

■ 每一间卧房都有宽阔的飘窗，满足通风、光线与自然景致。
■ 优雅简洁的线条，画龙点睛的艺术画，充满阳光气息。
■ 整个空间将中、西文化进行了无界结合。

即便置身在繁华的香港都市，业主也希望能远离都市喧嚣和纷繁复杂，回归自然、轻松、温暖的家庭生活。

温暖的家总是有阳光，何况窗外还有青山蓝海的美景可欣赏，设计师在空间多处使用了玻璃，餐厅隔断、客厅大面积玻璃墙等，将室外的自然美景引入室内。

设计师主张有别于"传统奢华"的表现形式，强调文化价值，将中西文化经典无界结合。硬装空间设计比例简洁、精炼，而软装方面则提炼和创造艺术氛围，大到拍卖行的一幅艺术挂画，小到一对鸳鸯摆件，都是当代著名艺术家的真品，其喻义爱和美好，全面表达东方文化意义，整体家具的质感与艺术品完美结合，缔造了雅奢真正的含义。这就是雅奢主张的特征，自然而不着痕迹地表现当代雅豪审美气质，让真正的奢华融进生活里。好的作品不会让你乍一看炫耀技巧，而是你越欣赏、越细看，越发觉设计师的用心。

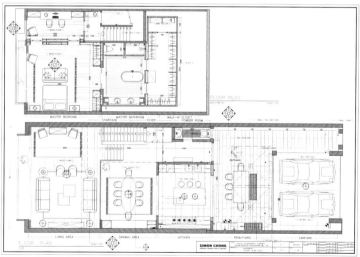

一层平面图

二层平面图

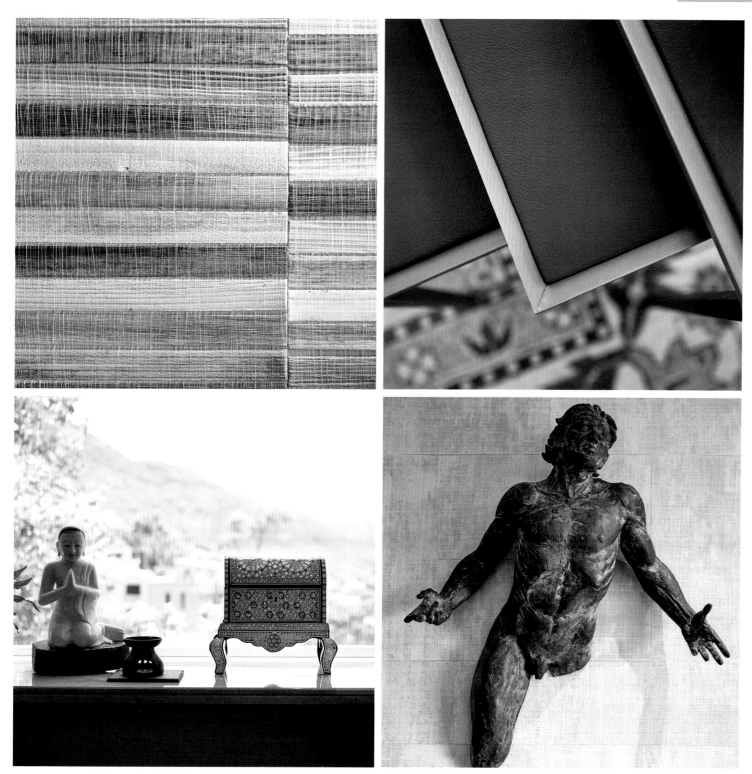

理想的靠近
Ideal Approach

主案设计：庞飞 / 设计公司：品辰设计
项目面积：180平方米

■ 地中海和新东方的混搭风格，自然，独具一格。
■ 运用暖色光线，软装搭配自然。
■ 具有沉淀后的稳重感。

　　冬日暖阳，甜点搭配日光，坐在户外坐席，看着飞鸟白云。光是这样呆呆地望着，心情就会很好。隐隐约约可以看到不远处的炊烟和昨日泛舟的洱海。这样的空间纵享大理的所有，没有观光客的叨扰，能让人静静品味。

　　设计师将半地下室的空间关系重新梳理，目的是让可以看见的柔和日光渗入室内，让人忘忧。策划一个理想的下午，与悠闲一起散步。逛逛当地的菜市场，亲自为亲人或朋友挑选食材，准备丰盛的一餐。在这里，你可以发现生活中难以发现的想象世界，酝酿出许多鲜活的灵感，让创意能量不断累积。定制的波斯地毯，羊皮手工灯，室内的暖色光线，让人想窝在室内。无论多少次到大理，新鲜感的期望值，还是被它不断提升，感觉每次总要吸收些许与众不同。区域的纯粹、朴实丰富的老时光生活感足以让居住者回味数十年。

平面图

漫步水云间

Walking beyond the Water

主案设计：沈烤华 / 设计公司：南京SKH室内设计工作室
项目面积：245平方米

■ 地面的仿古砖，突出质感，又显得大方得体。
■ 用天然的硅藻泥代替墙纸，绿色环保。
■ 储物空间多，保证了家庭生活的实用性。

　　美式家居风格的这些元素正好迎合了时下文化资产者对生活方式的需求，即：有文化感、贵气感，还不能缺乏自在感与情调感。漫步于云水间，体现的既是一份从容心态，也是一种优雅格调。

　　结构方面，本案原始户型存在一些问题，墙面多个柱子凸出明显。设计师通过对空间的专业改造，使之更加顺畅，并巧妙地利用阳台的面积，将书房与客厅融为一体，大大地提高了空间的利用率。

一层平面图

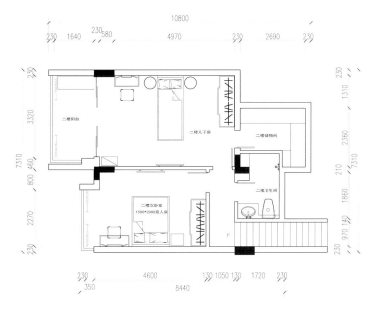

二层平面图